居家安全

鞠萍◎主编

中国大百科全书出版社

图书在版编目（CIP）数据

居家安全 / 鞠萍编著 . --北京：中国大百科全书出版社，2017.5
（儿童安全大百科）
ISBN 978-7-5202-0040-0

Ⅰ．①居… Ⅱ．①鞠… Ⅲ．①家庭安全－儿童读物
Ⅳ．①X956-49

中国版本图书馆CIP数据核字(2017)第073868号

责任编辑：刘金双　　王　艳

责任印制：李宝丰

装帧设计：张紫微

中国大百科全书出版社出版发行

（北京阜成门北大街 17 号　电话：010-68363547　邮编：100037）

http://www.ecph.com.cn

保定市正大印刷有限公司印制

新华书店经销

开本：710毫米 ×1000毫米　1/16　印张：5.5

2017 年 5 月第 1 版　2019 年 1 月第 4 次印刷

ISBN 978-7-5202-0040-0

定价：24.00 元

知道危险的孩子最安全

　　孩子发生意外，很多时候是因为不知道危险。数据统计显示：每一起人身伤亡事故的背后，都有无数个危险的行为。用冰山来比喻：一起伤亡事故，就像冰山浮在海面上的部分，无数种危险的行为就像海面以下的部分。海面上的冰山能够引起人们的重视，海面以下的部分却不易被发觉。殊不知，那才是最可怕的安全隐患，就是它们酿成了一起又一起事故。所以，只有消除"水下"那些潜在的危险，才能保证真正的安全。

　　安全教育首先要做的是让孩子知道危险在哪里，让孩子避免危险。孩子对危险的认识度越高，就会越安全。《儿童安全大百科》这套书要告诉我们的正是这样一个道理。本套书循着孩子们的生活足迹——家庭、学校、公园（动物园）、商场、运动场、路上、车（船、飞机）上、野外、网络，聚焦了140多个安全主题，以防患于未然为前提，以防止意外事故发生为目标，不仅让孩子认识到身边存在着各种危险因素，还告诉孩子在危险来临时该如何保护自己。

　　安全包括人身安全和心理安全两个方面。很多安全读本都忽视了儿童心理安全方面的教育，本套书在这方面填补了空白，对儿童在生活和学习中遇到的各种困扰和烦恼，进行了专业的解答和心理疏导，对儿童安全进行了全方位的关照。

　　如果把各种可能对孩子造成伤害的东西或情形比喻成地雷，那么这套书最大限度地为孩子扫除了生活中的各种"地雷"——从家到学校，从室内到户外，从现实到网络，从天灾到人祸，从生理到心理，是一套分量十足的安全百科。

　　希望读了这套书的小朋友，能够远离危险，形成自觉的安全意识，从"要我安全"变为"我要安全"。

　　祝小朋友们每一天、每一刻、每一分、每一秒都安安全全！

王大伟

居家安全

目录

本书漫画人物简介

他们是谁？

朱小淘

故事里的小主人公，机智、聪明、淘气、自信满满而又常常制造点儿"小麻烦"。

王小闹

小淘的好朋友，憨厚、老实，时不时地冒点儿傻气。

夏 朵

小淘的好朋友，可爱、懂事、善良，是标准的"好孩子"。

打开这本"救命"书，嘿嘿，这么多故事啊，真好看！书中有三个不同性格的小朋友，就像生活中的"你""我""他"，每天做着傻事，也不断在学习新的知识。他们的爸爸、妈妈则是安全的守护天使，护佑着他们健康、快乐地成长。

现在，我们来认识一下故事里的主要人物吧！

闹闹妈妈

对闹闹要求很严格，其实很关心闹闹。

小淘妈妈

时刻关心小淘的生活，是位称职的好妈妈。

小淘爸爸

风趣幽默，深受小朋友们喜爱。

1. 用火时

有人喜欢玩火，可是一旦引发火灾，那就一点儿也不好玩了！生活中用火的地方很多，我们要格外当心，千万别做危险的纵火者。

★ 点燃的蜡烛和蚊香要远离窗帘、蚊帐、衣物、书本等可燃物。

★ 不要玩火，不要携带火柴或打火机等火种。

★ 不要在易燃、易爆物品存放处用火。

★ 用完燃气要及时关闭阀门。

★ 不要随意燃放烟花爆竹，更不要在室内或火炉内燃放。

➕ 紧急自救 ≫≫≫

遭遇火灾时，千万不要惊慌失措。应立刻拨打火警电话"119"求助，同时不要盲目采取行动，应该冷静地观察，然后根据自己所处的位置采取相应的方法自救逃生。

● 出口逃生法：身处平房或楼房一层，如果门的周围火势不大，应迅速打开房门离开火场；如果房门已经被火包围，就必须另行选择出口脱身，比如从窗口跳出。

● 关门隔火法：身处平房或楼房一层，如果火势太大无法冲出房间，应立即关紧门窗，用毛毯等堵住门窗缝隙，并不断往上面浇水，令其冷却，防止外部火焰侵入，等待救援。

● 毛巾捂鼻法：在相对封闭的空间内，可以用折叠多层的湿毛巾捂住口鼻，这样能够有效阻挡火灾的烟气，过滤掉多数毒气。

● 匍匐前进法：在相对封闭的空间内，逃生时应尽量将身体贴近地面

9

匍匐或弯腰前行。

● 湿被保护法：在居室内，可以把棉被、毛毯、棉大衣等浸湿，披在身上，以最快的速度冲到安全区域。

● 绳索自救法：如果楼层不高，在有把握的情况下，可以将结实的绳索一头系在窗框上，然后顺绳索滑落到地面；如果没有绳索，可以把床单、被罩、窗帘等撕成条儿，拧成麻花状并连接在一起当绳索，供逃生使用。

● 管线下滑法：如果楼层不高，还可以借助建筑外墙或阳台边上的水管、电线杆等下滑到地面。

特别提示

油锅着火不能用水浇

　　水能灭火，这是常识，但有一种情况是千万不能用水去灭火的，这就是油锅着火。为什么呢？

　　水是比油重的物质，如果将水泼到油上，水会沉入油的底层，带着燃烧的油四处蔓延，这样就加大了空气与火的接触面积，火势也会越来越大。因此一定要记住，当油锅着火后，不能用水将其浇灭。

知道多一点

灭火方式一览

● 炒菜油锅着火时：要关闭炉灶燃气阀门，然后迅速盖上锅盖灭火，也可将切好的蔬菜倒入锅内冷却灭火，还可以用能遮住油锅的大块湿布盖在锅上，但千万不能用水浇。

● 液化气罐着火时：可用浸湿的被褥、衣物等捂灭，还可用干粉或苏打粉灭火。火熄灭后要立即关闭阀门。

● 家用电器或线路起火时：不可直接泼水，要先切断电源，再用干粉灭火器灭火。

● 纸张、木头或布起火时：可用水来扑救。

● 汽油、酒精、食用油着火时：可用土、泥沙、干粉灭火器等灭火。

● 灭火器的使用方法：

1．提起灭火器

2．拔下保险销

3．用力压下手柄

4．对准火源根部扫射

居家安全

11

安全童谣

火灾逃生歌谣

火场逃生要镇定，找对出口保性命；

浸湿毛巾捂口鼻，弯腰靠近墙边行；

困在屋内求救援，临窗挥物大声喊；

床单结绳拴得牢，顺绳垂下亦能逃；

遇火电梯难运转，高层跳楼更危险；

生命第一记心间，已离火场莫再返。

2. 用电时

　　电是光明的使者，但也是摸不得屁股的老虎，一旦冲出牢笼，它可是会吃人的。所以我们一定要摸透它的脾气，安全使用它。

 **安全守则**

★ 了解家中电源总开关以及所有电器开关的位置，紧急时及时切断电源。

★ 不要用手或导电物（铁丝、钉子等金属物）接触、探试电源插座内部。

★ 不要用湿手触摸电器，也不要用湿布擦拭电器。

★ 电器使用完毕应关掉电源，然后拔掉电源插头。插拔电源插头时不要用力拉拽电线，以防因电线的绝缘层受损而触电。

特别提示

发现有人触电后

发现有人触电后，应立即大声呼救。若事故现场没有旁人，在保证自身安全的情况下，要设法及时切断电源，拉下电闸，或者用干燥的竹竿、木棍将导电物与触电者分开，千万不要用金属棒或者潮湿的木棍接触触电者，更不可直接接触触电者，以防触电。

触电者脱离电源后，如处于昏迷状态，要想办法将其移到通风处，解开触电者的衣扣，使其自由呼吸，然后请大人来帮忙或者拨打急救电话"120"求助。

知道多一点

户外防电"六不要"

1.不要到电动机和变压器附近玩耍。

2.不要爬电线杆或摇晃电线杆拉线。

3.不要在电线杆附近放风筝，风筝一旦接触电线，会非常危险。

4.不要在电线上或电线下面的铁丝上挂东西、晾衣服。

5.不要在大树下躲雨，因为淋湿的树叶会导电。

6.不要用手去拾落地的电线，以免触电。

安全用电歌谣

电器插座勿乱动，湿手千万不能沾；

人走电停拔插头，雷雨天气慎用电；

下雨最怕树下躲，电线杆下有雷击；

晾衣线绳和电线，保持距离莫搭连；

电线落地不要捡，保持距离防触电；

用电悲剧常发生，安全用电记心间。

☝ 3. 使用燃气时

燃气泄漏是非常危险的，泄漏的气体不但会导致人中毒，而且当燃气达到一定浓度的时候，还会引起爆炸。所以一定要安全使用燃气。

🚫 安全守则 》》》

★ 使用燃气前必须注意是否有臭味,确认不漏气后再开火使用,并注意保持通风良好。

★ 点燃时,如果连续三次打不着火,应停顿一会儿,确定燃气散尽后再重新打火。

★ 使用燃气时人不能离开，要随时照看灶具炉火，以确保用气安全。

★ 烧水和煮饭时，锅和壶里的水不要太满，以免溢出浇灭炉火造成泄气。

★ 使用灶具时如发现熄火，要立即关闭开关并打开门窗通风。

★ 用完燃气灶，要及时关好燃气阀门。

★ 睡觉之前要提醒爸爸、妈妈检查燃气灶是否关好，以免在熟睡中中毒。

✚ 紧急自救 ▶▶

● 如果发现家里燃气泄漏了，要用湿毛巾包住手，立即关闭总阀门和各个截门，开窗通风，让燃气散尽，并尽快离开现场。

● 如果已经感到全身无力，应赶快趴倒在地，爬至门边或窗前，打开门窗呼救。

● 煤气异味散去之前，切勿点燃明火、开灯、开启或关闭任何电源开关，以免引起爆炸。

知道多一点

煤气中毒

　　煤气中毒通常指的是一氧化碳中毒。煤气中含有一氧化碳气体。一氧化碳无色无味，易与血液中的血红蛋白结合，从而引起机体组织缺氧，造成人昏迷并危及生命，即一氧化碳中毒。煤气中毒后，人往往会头晕、恶心、呕吐、四肢无力，严重者会抽搐、口吐白沫、昏迷甚至死亡。

真实案例

燃气泄漏事故频发

2012年11月16日，四川省资阳市4个女孩在封闭的浴室里洗澡时，因燃气泄漏中毒，3人死亡、1人受伤；

2013年11月21日，江西省南昌市一居民家发生管道燃气爆炸事故，造成3人死亡、1人受伤；

2014年9月19日，福建省厦门市一公寓楼发生一起严重的燃气爆炸事故，导致5人死亡、20多人受伤；

2015年12月5日，辽宁省葫芦岛市一居民楼发生液化气爆炸事故，导致4人死亡、11人受伤；

2016年9月19日，江苏省无锡市一民宅因液化气泄漏引发爆炸，导致5人死亡、5人受伤，其中各有2名儿童；

2017年1月11日，上海市一居民楼因天然气泄漏引发爆炸，导致4人死亡；

……

近年来，居家燃气泄漏造成的爆炸事故频繁发生，伤亡惨重。这说明在燃气使用率慢慢提升的同时，人们的安全意识却没有随之增强。我们必须提高警惕，时刻防备燃气这头近在咫尺的魔兽滥发淫威。

4. 看电视时

电视能让我们足不出户看到外面的世界。但是，电视除了给我们带来欢乐，也隐含着一些风险。所以，看电视也要遵守一些规则。

安全守则

★ 看电视的时间不宜过长，否则不仅容易造成视觉疲劳，而且还会影响正常的学习和生活。

★ 看电视时距离电视不宜过近，要保持足够的距离，以免伤害眼睛。

★ 电视播放的音量不宜过高，长时间被较高的音量刺激，听觉的感受性容易减弱。

★ 看电视时室内光线不宜过暗，以免电视亮度过强刺激眼睛。

★ 不要躺着看电视。躺着看电视时，视线与电视机屏幕不能保持在同一水平线上，需要用眼睛来调节，这样不仅会使眼睛感到疲劳，还会引起视力下降以及散光、斜视等。也不要歪歪斜斜地坐着看电视，这样容易养成不良的坐姿习惯，使未定型的脊柱发生变形或弯曲。

★ 不要边吃东西边看电视。边吃边看，嘴里的食物往往咀嚼不够，容易加重肠胃负担，影响消化。

★ 要选择有益的电视节目，不要看不健康或充满暴力的节目，以免影响身心健康。

★ 不能长期用遥控器关闭电视，看完电视后，要及时切断电源。

★ 雷电天不要看电视，而且要拔掉电视机的电源插头。

看电视束缚想象力

科学家做过这样的实验：把孩子分成两组，一组听老师讲白雪公主的故事，一组看动画片《白雪公主》，之后让两组孩子画出心目中的白雪公主。听了故事的孩子根据想象，赋予白雪公主不同的形象、装束和表情，因此他们画出的白雪公主各不相同。而看了动画片的孩子画出的白雪公主全都一样，因为他们看到的是同一个样子。过些天，科学家让这两组孩子再画一次白雪公主，听故事的孩子这次画的和上次的又不一样，因为他们又有了新的想象；而看过动画片的孩子，画的和上次还是一样。

这个实验告诉我们，动画片中的人物形象往往固化了故事中的角色，束缚了孩子的思维。想保护孩子的想象力，就多讲故事给他们听，而别总是让他们看动画片。

♥给家长的话

电视节目尤其是影视作品对儿童思想行为的影响不容忽视。由于儿童缺乏足够的鉴别能力，行为方式和思想认识很容易受到影视作品的影响，有些孩子会模仿电视剧或动画片中角色的行为，从而发生一些不该发生的悲剧。因此，在孩子看电视的问题上，家长应该发挥更多的作用，对电视节目进行把关，并对孩子进行监管，以身示范，进行正确的引导。

21

5.吹电风扇时

　　"电风扇，转转转，不知疲倦把活干；我有风扇来陪伴，再也不怕大热天！"不过，电风扇也是个危险的家伙，有时它会"咬人"哟！

★ 大汗淋漓时不能直接对着电风扇吹，以免引起体表排汗障碍，导致人体循环遭破坏。

★ 不要长时间对着电风扇吹，以防体温下降引起伤风、感冒、腹痛等疾病。

★ 不宜用电风扇降温伴睡，因为人在熟睡时机体各脏器的功能会降到最低水平，一切反射消失，免疫力下降，易招致疾病。

★ 不要用手指去摸或把任何物体插入正在旋转的扇叶，以免受伤。

★ 长头发要远离电风扇，以防被扇叶搅进去。

6. 使用微波炉时

现代家庭离不开微波炉，它给我们的生活带来了很大的便利，但使用不当，微波炉也会危害健康。那么，如何才算使用得当呢？

★ 微波炉有辐射，因此不要把它放在卧室里，应尽量放在通风的地方，而且不能靠近电视机、收音机，否则会影响电视机和收音机的视听效果。

★ 微波的辐射很强，开启微波炉后，人应该远离它，距离要达1米以上。

★ 微波加热的时间不能过长，否则容易烧焦食物，甚至引发危险。

★ 要使用专门的微波炉器皿盛装食物放入微波炉中加热，因此在使用微波炉之前应该检查所使用的器皿是否适用于微波炉。

★ 加热食物前一定要关好微波炉的门，加热期间不能打开，以防微波泄漏对身体造成辐射伤害。

★ 不要将封闭容器盛装的食物和密封包装的食物直接放进微波炉，应该开启后再加热，因为在封闭容器内食物加热产生的热量不容易散发，容器内压力过高，易引发爆炸。

★ 微波炉一次加热或解冻食物的数量不宜过多，食物太多会造成微波炉运转不正常。

★ 不可以在空无食物的时候启动微波炉。

居家安全

25

★ 微波炉的按键是轻触式的，使用时不需要太用力；如果按错键了，可以按停止键予以取消。

★ 不能在微波炉中加热油炸食品，因为油炸食品经过高温加热之后，高温的油会飞溅，有可能引发火灾。

★ 微波炉内起火时，不能打开炉门，应该先关闭电源，等待火熄灭之后再开门进行降温。

★ 在微波炉中加热或是解冻的食物，若忘记取出，时间超过两个小时，则应该丢掉，以免引起食物中毒。

★ 已经用微波炉解冻的肉类，可以加热至全熟后再放入冰箱，而不要直接放回冰箱再次冷冻。因为肉类在微波炉中被解冻后，外层温度已经升高，在此温度下，细菌是可以繁殖的，而再次冷冻却不能将活菌杀死。

! 特别提示

勿将金属容器和普通塑料容器放入微波炉加热

千万不要将金属容器和普通塑料容器放入微波炉加热，因为将金属容器放入微波炉加热，金属会反射微波而产生火花，既损伤炉体，又妨碍加热食物；将普通塑料容器放入微波炉加热，一方面热的食物会使塑料容器变形，另一方面普通塑料会释放有毒物质，污染食物，危害身体健康。

7. 乘坐电梯时

　　城市生活离不开电梯，乘坐电梯既省时又省力。我们在享受方便的同时，更要确保上上下下的安全。

安全守则

★ 不要在电梯里跑跳打闹，这可能会使电梯突然停运。

★ 不要用身体去阻止电梯关门，也不要将身体贴靠在电梯门上，以防电梯门开启时受伤。

★ 不要随意触摸电梯轿厢内的各种按键，电梯正常运行时不要按紧急求救键。

★ 电梯门没有关上就运行或运行中突然停止不动，说明电梯有故障，这种情况下要马上按紧急求救键。

★ 电梯超载后绝对不能乘坐；发生火灾或地震时，也一定不要乘坐电梯。

紧急自救

● 被困在电梯里出不来时，要保持镇定，可按紧急求救键、利用对讲机或拨打自己的手机求援。

● 如果电梯里没有警钟和电话机，手机又没有信号，可拍门大声叫喊，或用物品敲打电梯门，以引起外面人的注意；当无人回应时，应保持体力，耐心等待。

● 千万不要强行扒门，如果在扒门时恰巧电梯移动，将会造成人身伤害，严重的会坠入电梯井。

● 当电梯突然加速上升或下降时，应迅速按下所有楼层的按键，然后尽量稳住身体重心，将整个背部和头部紧贴轿壁，同时保持膝盖弯曲。

特别提示

火灾逃生不能乘电梯

　　发生火灾后，人们首先会切断电梯供电电源，电梯也就不能运行了；电梯井道从大楼的底层直通到最高层，相当于一个烟囱，一旦楼房失火，烟雾会向电梯井道内窜，电梯轿厢并非密不透风，浓烟很容易进入，最终可令人窒息身亡。所以，发生火灾时电梯也是最危险的地方。

知道多一点

乘电梯的礼仪

● 如果电梯门口有很多人在等候，不要挤在一起或挡住电梯门，应先下后上。

● 男士和晚辈应站在电梯开关处提供服务，并让女士、长辈先进电梯，自己随后进入。

● 与客人一起乘电梯时，应为客人按键，并请其先进出电梯。

● 在电梯里，大家尽量沿三个轿壁排成"凹"字形，挪出空间，以便让后进入者有地方可站。

● 即使电梯中的人都互不认识，站在开关处的人，也应为别人服务。

● 在电梯内不要大声交谈、喧哗。

8.吃东西时

　　人是铁，饭是钢，一顿不吃饿得慌。我们靠吃饭维持生命，可吃饭也是大有学问的。吃好了，健健康康；吃不好，则会生病。

★ 吃饭时要细嚼慢咽，狼吞虎咽会加重胃肠负担。

★ 饮食要适量，吃得过多会损伤肠胃。

★ 不要食用不干净的食物和过期变质的食物。

★ 嘴里有食物时尽量避免大笑或者说话，以防食物进入气管，发生危险。

★ 不要把东西抛到空中用嘴接着吃，这样容易使食物进入气管，发生危险。

★ 不宜贪吃冷饮，过冷的食物进入胃里会刺激胃黏膜，还可能使人患上消化系统的疾病，出现胃痛、腹泻等症状。

★ 要少喝碳酸饮料。碳酸饮料含有大量的碳酸，与人体中的游离钙结合后会生成碳酸钙，影响人体钙质的吸收，影响骨骼发育。可乐等碳酸饮料中的咖啡因还会导致慢性中毒。

★ 不要食用无根的豆芽、未烧熟的四季豆、发芽的马铃薯、变色的紫菜、鲜黄花菜、生豆浆、毒蘑菇、青西红柿、长斑的红薯、发芽的银耳、未腌透的咸菜等，这些食物易使人中毒。

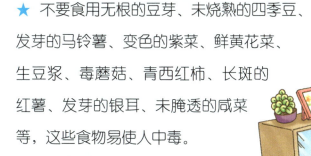

居家安全

▶
31

9. 喝水时

水是生命的源泉，人对水的需要仅次于对氧气的需要。人人都在喝水，但喝水并不是一件简单的事儿，它是很有学问的。

安全守则

★ 喝水时不要太急，不要说话或大笑，也不要躺着，以免呛到。

★ 不要饮用井水、河水、溪水以及家里的自来水等生水，因为这些水中含有细菌、病毒和寄生虫等。

★ 最好饮用温开水。过烫的水会破坏食道黏膜，过冷的水则会引起肠胃不适。

！ 特别提示

不要等到口渴才喝水

要养成定时饮水的习惯，不要等口渴了再喝，因为口渴表示人体水分已失去平衡，是人体细胞脱水到一定程度、中枢神经发出要求补充水分的信号。

喝水过量也会中毒

水要喝，但并非多多益善，喝得过量了也会"中毒"。这是因为喝水过多，身体必须将多余的水分排出。但随着水分的排出，人体内以钠为主的电解质会被稀释，血液中的盐分会越来越少，吸水能力也随之降低，水分就会通过细胞膜进入细胞内，使细胞水肿，人就会出现头晕、眼花等"水中毒"的症状。

儿童安全大百科

10.服药时

俗话说"是药三分毒"，其实这已经说明了药物的危害。误服或过量服用药物，危害就更大了。

🚫 安全守则 〉〉〉

★ 生病时不要自己随便用药，要根据医生的诊断，对症用药。

★ 在药店购买药物，要选择包装盒上有"OTC"字样的药品，即非处方药；购买处方药一定要有医生的诊断和指导。

★ 用药前要仔细阅读说明书，并对应自己的症状服用，尤其要注意按剂量服用，不能超量，以免引起不良反应甚至危及生命。

★ 服药前一定要看清楚药品的生产日期和保质期，不能服用过期药物，即便在有效期内，也要注意观察，变色变质的药物千万不要服用。

★ 打开包装而没有用完的药物，应存放在阴凉干燥处，不要更换包装，以免误服或变质而不知。

★ 没有医生指导，不要随意混合用药，几种药同时服用很容易造成剂量超标，损害健康。

★ 服药后要注意有无不良反应，如有严重不良反应，应立即就医。

✚ 紧急自救 ▶▶▶

发现自己或他人误服药物中毒后，先要弄清药名和数量，然后采取相应的急救措施。

● 误服含强酸、强碱性的液体：应喝一些对应的液体中和毒液，误服酸性毒物后应喝一些碱性液体，误服碱性毒物后要喝酸性液体，然后大量饮用牛奶、蛋清，以防胃黏膜受到破坏，阻止人体对毒素的吸收。

● 误服安眠药、老鼠药等：最好的办法是催吐，先大量喝温开水或淡盐水，然后把食指和中指伸到口腔内压住舌根，把毒物呕吐出来，反复多次，直到全部吐出；如吐不出来，可以大量喝牛奶或蛋清。

● 误服癣药水和止痒水：应立即用茶水洗胃，因为茶叶中含有的鞣酸有解毒作用。

● 误服碘酒：可立即喝下大量米汤或面糊，然后用筷子刺激咽喉壁以催吐，最后再喝下稠米汤或蛋清等，以保护胃黏膜。

特 别 提 示

止痛药和止泻药须慎服

急性腹痛时不要服止痛药，以免掩盖病情延误诊断；腹泻时不要乱服止泻药，以免毒素难以排出、肠道炎症加剧。

♥给家长的话

2016年11月6日，深圳儿童医院急诊重症监护室接到紧急呼叫，一名两岁半的女孩因为误服降压药而出现了心脏骤停的症状。医院出动两名医生进行了紧急抢救，但回天乏力。据孩子的母亲透露，家人不慎放在桌上的降压药硝苯地平片，被刚学会走路的女儿吞下了半瓶，估计她是误把药片当成糖果了。儿童误服药物的情况时有发生，希望引起家长们的警觉。

11. 吃鱼时

鱼类食品肉质细嫩，味道鲜美，营养丰富。假如你是爱吃鱼的"小馋猫"，千万要小心鱼刺哟！

🚫 安全守则 〉〉〉

★ 鱼入口前要仔细看有没有刺，没有刺才能入口。

★ 入口的鱼肉要用舌头细细抿抿，当确保无刺时，才可以咽下。

➕ 紧急自救 〉〉〉

● 如果不小心被鱼刺扎到了，可用手电筒照亮口咽部，用小勺将舌背压低，仔细检查咽喉的入口两边，因为这是鱼刺最容易被卡住的地方。如果发现刺不大，扎得不深，可用长镊子夹出。

● 如果鱼刺较大或扎得较深，无论怎样做吞咽动作，仍疼痛不减，喉咙的入口两边及四周又看不见鱼刺，就应去医院治疗。

39

特别提示

除鱼刺时切勿大口吞咽食物

当鱼刺卡在嗓子里时，千万不能囫囵吞咽大块馒头、烙饼等食物。虽然有时这样做可以把鱼刺除掉，但有时这样做，不仅不能把鱼刺除掉，反而会使它刺得更深，更不易取出。

知道多一点

什么样的鱼不能吃

● 有异味的鱼：这种鱼很可能来自受污染的水域，人吃了会造成细胞蛋白质变性和沉淀而损害神经、肝脏和肾脏。

● 畸形的鱼：这种鱼很多体内都有肿瘤，人吃了不仅会影响身体健康，甚至还可能患上莫名其妙的疾病。

● 烧焦的鱼：这种鱼含有大量的致癌物质，坚决不能食用。

● 腌咸鱼：这种鱼放的时间较长，鱼体脂肪易被空气氧化而变质，对人体有较大的毒害。另外，咸鱼含盐较多，常吃易患高血压。

12. 吃火锅时

在寒冷的冬季，一家人围坐在桌边，吃着热气腾腾的火锅，真是一件乐事。但火锅虽然美味，却也暗藏陷阱，不得不防。

🚫 安全守则 ▶▶▶

★ 火锅以涮、烫为主，所选食材必须新鲜、干净，以防食物中毒。

★ 要把食物涮熟了再吃，否则未被杀死的细菌易引发消化道疾病。

★ 从锅中取出滚烫的涮食时，最好先放在小碟里晾一下，食用太烫的食物容易烫伤口腔、舌头或者损伤胃黏膜，导致急性食道炎和急性胃炎。

★ 要轻夹轻涮，以免被溅起的汤汁烫伤，同时手不要碰触热锅，以免被烫伤。

★ 夹熟食和生食的筷子要分开，以防生食上的细菌入口引发胃肠疾病。

13. 燃放烟花爆竹时

节日里燃放烟花爆竹会增添很多乐趣，但燃放不合格的烟花爆竹或者燃放方法不当，也会给人们带来巨大的伤害。燃放烟花爆竹不小心可不行！

🚫 安全守则 »»»

★ 要在大人的指导下燃放烟花爆竹，不能独自玩火。

★ 燃放时一定要选择室外空旷的场地，不要在明令禁止的区域燃放，也不要在屋内燃放。

★ 燃放前要仔细阅读燃放说明，烟花爆竹要摆放平稳牢固，筒口朝上，没有注明可手持的不能手持燃放。

★ 点引线时注意身体任何部位都要离开筒口，侧身点燃，并迅速转移到安全区域观赏。

★ 当燃放的烟花出现熄火现象或没有爆响时，不要马上靠近，也不要再次点燃，要等待一段时间，确定安全后再上前处理。

★ 不要向行人、车辆及建筑物投掷烟花爆竹。

★ 在乡村燃放烟花爆竹要避开柴草，以免引发火灾。

★ 烟花爆竹不可长期储存在家中，储存时要远离火源，避免受潮和被晒。

➕ 紧急自救 »»»

● 如果不幸被烟花爆竹炸伤，要尽快往烧伤部位浇冷水，防止烧伤面积扩大，然后用消毒纱布或干净的手帕等轻轻覆盖伤口。

● 如果皮肤表面起了水泡，不要将其弄破，也不要涂抹药水、药膏等，以免增加感染风险。

● 如果头部被烧伤，可用干净的毛巾裹住冰块进行冷敷，然后尽快就医。

烟花爆竹有等级

烟花爆竹按照药量和危险性由高到低分为 A、B、C、D 四个等级，消费者应根据燃放者的年龄、对烟花爆竹燃放要点的掌握，合理选购烟花爆竹产品。

A 级产品：需要专业人员持燃放许可证在特定条件下燃放。

B 级产品：适于在室外大空间燃放。当按照说明燃放时，距离产品及其燃放轨迹 25 米以外的人或财产不会受到伤害。

C 级产品：适于在室外相对开放的空间燃放。当按照说明燃放时，距离产品及其燃放轨迹 5 米以外的人或财产不会受到伤害。

D 级产品：可近距离燃放。当按照说明燃放时，距离产品及其燃放轨迹 1 米以外的人或财产不会受到伤害。

14. 养护植物时

为了净化空气，美化家居，很多家庭都会养一些绿色植物。别小看这些花草，它们之中可是隐藏着很多健康杀手呢！

★　有些植物如月季、仙人掌等，长有尖刺，容易刺破人的皮肤，不要用手去触碰。

★　有些植物如夜来香、郁金香等，散发的香气过于浓郁，会刺激人体的神经系统，让人头晕、恶心，身体不适。

★　有些植物如滴水观音、水仙花等，含有毒素，如果你折断它们的茎叶舔舐或者放到嘴里嚼，就会中毒。

★　有些植物的叶面早上会吐出露珠，这时千万不要轻易触碰它们，或将它们采下来含到嘴里，因为此时的露珠大多是植物代谢的产物，毒性比较强。

★　绿色植物白天可以放在室内，晚上会释放二氧化碳，还会和人抢着吸氧，所以睡觉时最好移到室外。

居家安全

〉

常见的有毒植物

● 滴水观音：茎内的白色汁液以及叶子上滴下来的水有毒，皮肤与其接触会瘙痒，眼睛与其接触则可引起严重的结膜炎，甚至失明。

滴水观音

龟背竹

● 龟背竹：叶子会滴水，毒性与滴水观音类似。

● 绿萝：汁液有毒，皮肤接触到它会红痒，人误食它会喉咙疼痛。

绿萝

夹竹桃

● 夹竹桃：茎、叶、花朵都有毒，它分泌出的乳白色汁液含有一种叫夹竹桃苷的有毒物质，误食会中毒。

● 水仙：人体一旦接触到水仙花叶和花的汁液，皮肤会红肿；误食会出现呕吐、腹泻、手脚发冷等症状，严重时会导致痉挛、麻痹而死亡。

水仙

夜来香

● 夜来香：夜间停止光合作用，会排出大量废气，对人的健康极为不利，因而晚上不应在夜来香花丛前久留。

含羞草

● 含羞草：内含含羞草碱，接触过多会使眉毛稀疏、毛发变黄，严重的会导致毛发脱落。

红掌

● 红掌：又名红烛，和滴水观音同属天南星科植物，叶子和茎都有毒。

15. 陌生人敲门时

　　门是忠诚的卫士，守护着家，但却不能给我们带来绝对的安全；真正把危险挡在门外的，是我们的安全意识。

 安全守则

★ 独自在家要及时把门窗关好锁好。如果听到有人敲门，要通过门镜辨认来人或问清来人是谁、来找谁、有什么事，千万不能先开门再问询。

★ 如果有人以推销员、修理工等身份请求开门，一律要谢绝，请他离开。

★ 无论来人是否说认识你的家人，只要你不认识来人，不管他有什么理由，都不要告诉他任何事情，更不可让他进来。

★ 在交谈中，可以用"爸爸正在睡觉"或是"大人到楼下买菜"等答话来暗示、吓退陌生人。

★ 若来人纠缠不休，可以声称要打电话给父母、警察，或者到阳台、窗口高声呼喊，向邻居、行人求救，从而吓走他，也可以给父母、邻居或小区保安打电话求助。

★ 一旦不小心被坏人骗，放他进了门，可以告诉他爸爸、妈妈马上就会回来，也可以趁门还没有关好快速跑出去，然后找人帮忙。千万不要和坏人发生争执，不要激怒他，要找时机逃脱并报警。

16. 陌生人来电话时

电话不仅是我们的信使，也常被坏人当成犯罪工具。作为家里的小主人，你可要提高警惕，和陌生人通电话，一定要守住家庭机密。

★ 独自在家接到陌生人的电话，首先要问清来电话的人是谁，有什么事。

★ 要保持警惕，最好不要让对方知道只有你一人在家。

★ 不要随意与陌生人交谈。如果是骚扰电话，赶紧挂掉。

★ 接到某些推销产品或进行市场调查的电话，可以说自己"不清楚"或"没时间"，然后礼貌地挂掉。

★ 交谈中不能把自己的家庭住址和人口情况等隐私内容泄露给陌生人，也不能盲目地按照陌生人的要求去办事。

★ 如果来电人要爸爸、妈妈的电话号码，不要告诉他，可请他留下姓名、电话号码并告知来电目的。

★ 交谈中必须警惕。如果来电人说爸爸或妈妈发生了意外，需要你去某医院送钱或物品，千万不要轻易听信，可以打电话给爸爸、妈妈核实情况。

居家安全

电信诈骗

电信诈骗无处不在，无孔不入。有些手段十分隐蔽，难以分辨，且五花八门，不断翻新。我们要了解常见的两大诈骗门类，以不变应万变。

● 冒充公检法等国家机关人员进行诈骗

这种诈骗犯打电话冒充公安，称有一起所谓的"重大刑事案件"需要协助调查，要求你说出自己的身份证号、银行卡号、存折密码及其他相关信息，并要你将资金转移到指定"安全账户"内。如遇到类似情况，告诉他有问题就让当地公安机关来找自己。

● 虚假中奖、欠费、退费类诈骗

"我是××省公证处的公证员××，恭喜你的手机（或电话号码）在××抽奖中了×等奖，奖品是小轿车一部……""由于您的有线电视欠费，我们将在两小时后停止服务。如有疑问，请按……""您好，这里是中国电信客户服务热线。由于我们的工作失误，您的电话费这几个月共多收了××元，如确认退费请按……"这类电话迷惑性很大，假如你按照语音提示操作，就会一步步栽进不法之徒设好的圈套。其实，只要认真查看一下来电号码，就可识破此类骗局。

17. 在浴室洗澡时

洗澡不仅可以清洁肌肤，防止细菌传播，还能缓解身体疲劳。洗澡是件很惬意的事情，但若不小心，也会发生意外。

🚫 安全守则 ≫

★ 洗澡时必须有大人在身边，千万不能独自到浴室洗澡，更不能把浴室门反锁起来，以免发生意外。

★ 使用电热水器洗澡前要关闭电源；使用煤气热水器要注意通风，谨防煤气中毒。

★ 洗澡时间不宜过长，以防头晕、体力不支。

★ 浴室地面湿滑，不要蹦跳、玩耍，尽量穿防滑拖鞋，以免摔伤。

★ 在浴缸里洗澡，进入时一定要小心，以防滑入水中被淹到或呛到，也不要在浴缸中玩潜水闭气的游戏。

★ 洗澡的水温要适度，过热会烫伤皮肤，过冷会引发感冒。

➕ 紧急自救 ≫

洗澡时如果感到头晕，要立即离开浴室，喝杯温开水，躺下放松。

18. 在阳台上时

阳台是楼房的氧吧，是呼吸新鲜空气、观赏景物的好地方，但这方寸之地，也埋藏着不小的安全隐患。

⊘ 安全守则 ▷▷▷

★ 不能爬阳台，更不能从一处阳台翻越到另一处阳台。

★ 不要在未封闭的阳台上玩耍，也不要踩踏阳台上的凳子、纸箱、花盆等不稳固的物体。

★ 站在阳台向远处眺望时，千万不要将身体过多探出护栏，也不要伸手去抓阳台外面的东西，以免身体失控摔下楼。

★ 在阳台上取晒在衣架上的衣物时，不能将身子探出护栏，应该用衣钩将衣物钩到可以拿到的地方再取回。

★ 不要在阳台上打闹、追逐或者吹泡泡、放风筝等。

★ 不要从阳台上往楼下扔东西，这样不仅会破坏环境卫生，还可能砸伤楼下的行人。

经常有孩子从阳台坠落或者卡在阳台防盗窗上。为了孩子的人身安全，建议家长经常检查、维修自家阳台护栏，以防其老旧松动；阳台栏杆最好不要设计成横向的，以防孩子攀爬发生危险；阳台地面不要堆放杂物或摆放可供攀爬之物，如凳子、沙发、床、矮柜等，千万不能给小孩留"垫脚石"，以免其攀爬致坠楼。如果有条件，建议将平开窗改成内倒窗，这种窗子不容易翻越，比较安全。

知道多一点

阳台种菜

阳台是一个自由的空间，有充足的采光和良好的通风条件，为都市家庭提供了天然的种菜园地。阳台种菜能绿化生活空间，调节身心，还能让孩子增长见识。

适合种在阳台的蔬菜菜单：

- 易于栽种类：苦瓜、胡萝卜、姜、葱、生菜、小白菜；
- 短周期速生类：小油菜、青蒜、芽苗菜、芥菜、油麦菜；
- 节省空间类：胡萝卜、萝卜、莴苣、葱、姜、香菜；
- 不易生虫类：葱、韭菜、人参草、芦荟、角菜。

19.接触猫、狗时

猫、狗等动物是人类的朋友，但它们的毛发、皮屑、唾液、粪便等很容易形成传染源，使人感染皮肤病、过敏性疾病以及各种寄生虫病。因此我们要注意与它们保持适当的距离。

★ 尽量不要给野生动物或流浪猫、狗喂食，以免遭到攻击。

★ 不要与猫、狗或其他宠物同睡。

★ 不要随意招惹和挑逗猫、狗，尤其是在它们情绪不好的时候，不要做出激怒它们的行为。

★ 在猫或狗哺乳、睡觉、吃东西时，要避免对它们做出抚慰、逗弄等肢体接触行为，即使这是出于善意，也会使它们感觉受到威胁。

★ 不要对着猫、狗大吼大叫吓唬它们，以免它们一反温驯的常态，扑咬到你。

★ 被狗追赶时，不要和它的目光直接接触；千万不要急于后退或转身就跑，以免狗误以为你在挑衅；你可以弯下腰假装捡石头，狗可能就不追你了。

居家安全

　　一旦不幸被猫或狗咬伤、抓伤，一定要在最短的时间内用清水或肥皂水清洗伤口，把含病毒的唾液、血水冲掉；然后对咬伤部位进行挤血处理，尽量全部挤出，以防病菌感染；再用酒精或碘酒仔细擦洗伤口内外，彻底进行消毒；包扎好伤口再去医院做进一步处理。记住，一定要在24小时内注射狂犬疫苗。

特 别 提 示

动物发情易伤人

　　春季是许多动物的发情期，这时候动物们往往会一反温驯的常态，脾气变得暴躁，容易攻击人。这期间，千万不要去招惹它们，以免被它们无心抓伤、咬伤。即使是自家的猫、狗，也要小心提防。

知 道 多 一 点

可怕的狂犬病

　　狂犬病是由狂犬病毒引发的一种急性传染病，人、兽都可以感染。狂犬病毒主要通过唾液传播，多见于狗、狼、猫等食肉动物体内。狂犬病的发展速度很快。它是世界上病死率最高的疾病之一，一旦发病，死亡率几乎为100%。

可感染狂犬病的动物

　　● 敏感类——哺乳类动物最敏感。在自然界中，得过狂犬病的动物有家犬、野犬、猫、豺狼、狐狸、獾、猪、牛、羊、马、骆驼、熊、鹿、象、野兔、松鼠、鼬鼠、蝙蝠等。

　　● 不敏感类——禽类不敏感。鸡、鸭、鹅等也可以染上狂犬病，但疾病的发展速度较慢。

　　● 可抵抗类——冷血动物如鱼、蛙、龟等，可以抵抗狂犬病毒的感染。

20. 喂养乌龟或与乌龟玩耍时

比起小猫、小狗来，小乌龟不蹦跳，只会慢慢爬行，显得很乖顺。但可别被它安静的外表欺骗了，它也是有脾气的。

居家安全

63

安全守则

★ 不要在乌龟觅食时去招惹它。

★ 不要直接用手去挑逗乌龟，可以借用树枝、小木棍等东西，以保护自己的手指不被咬伤。

★ 给乌龟喂食时，最好用镊子把食物夹住，慢慢递到乌龟鼻子前，尽量把它喂饱，这样它就不会咬人了。

紧急自救

● 如果被有毒的乌龟咬伤了且伤势严重，要立刻就医，尽快注射破伤风疫苗。

● 如果被无毒的乌龟咬伤且伤势不严重，一般消一下毒即可。

21. 使用杀虫剂时

　　杀虫剂是很多家庭对付蚊虫、蟑螂、蚂蚁等的利器，但如果使用不当，它在杀灭蚊虫的同时，也会伤到人。

居家安全

★ 使用杀虫剂要慎重，尽量少用，可用可不用时尽量不用。

★ 使用杀虫剂前要关紧门窗，把房内所有的食品都放进柜子里，人和宠物也要离开房间，以免被喷到；喷完杀虫剂后要适时给房间通风，消除异味。

★ 使用喷雾杀虫剂时，要注意喷口的方向，不要对着人喷射。如果不慎将药液喷洒到皮肤上，要及时清洗。

★ 杀虫剂属于易燃品，应远离火源，不要放在高温暴晒的地方，要尽量放在阴凉通风处，以免发生意外。

🌀 22. 使用蚊香时

夏天到，蚊子叫，没有蚊香怎么好？蚊香能赶跑蚊子，可是使用不当，也会伤人。

🚫 安全守则 ＞＞＞

★ 点燃的蚊香要放在固定的金属架上，不能放在容易燃烧的物体上，也不能放在窗台或不稳固的物体上，以免被风吹落或倒落在容易燃烧的物体上。

★ 点燃的蚊香要远离蚊帐、窗帘、被单、衣服等可燃物，应与家具、床铺保持一定的距离，以免引起火灾。

★ 同时使用摇头电风扇时，应防止衣物等可燃物被风吹落到蚊香上。

★ 不需要蚊香时，应该立即将它熄灭。

特别提示

蚊香不是杀蚊，而是驱蚊

很多人使用蚊香灭蚊时，认为将房门紧闭点上蚊香才能彻底杀死蚊虫，其实这样做是不科学的。燃烧蚊香释放的气体对人体健康是有害的。使用蚊香等灭蚊产品时将房门紧闭，会把有害气体长时间留在室内，从而对身体造成损害。

蚊香不是"杀"蚊，而是"驱"蚊。因此，使用时要把蚊香点燃后放在通风的地方，如房门口、窗台前，点燃后人最好离开房间。人再进入室内，一定要先打开门窗通风。

另类驱蚊法

● 吃大蒜：吃大蒜可有效驱蚊，因为蚊子不喜欢人体分泌出来的大蒜味道。

● 巧穿衣：如果穿黑色或褐色等深色衣服，被蚊子叮咬的概率会大些，穿白色或绿色等浅色衣服则会很少挨蚊子咬。

● 巧用清凉油、风油精：在卧室内放几盒揭开盖的清凉油或风油精，可驱除蚊虫。

● 花香驱蚊：黄昏前，在室内摆放一两盆盛开的茉莉花、米兰或玫瑰等，蚊子受不了这些花的香气，就会逃避。

● 光线驱蚊：蚊子害怕橘红色的光线，所以室内安装橘红色灯泡，能产生很好的驱蚊效果。

● 味道驱蚊：将阴干的艾叶点燃后放在室内，其烟味可驱蚊；燃烧晒干后的残茶叶，也可驱蚊。

居家安全

23. 食物呛入气管时

我们常说学习时一心不能二用，其实这条戒律也适用于吃东西时。

🚫 安全守则 ▷▷▷

　　吃东西时嬉笑、哭闹或讲话，口含食物时跌倒，食物都容易呛进气管，引起呛咳或气道阻塞，甚至窒息。所以，吃东西须专心、细嚼慢咽，谨防食物呛入气管。

● 如果不慎将一些小异物如米粒呛入气管，可迅速闭上嘴巴，并用力用鼻子呼气，将米粒冲出来；也可低下头用力咳嗽，让人帮忙拍击背部，异物或可随气流排出。

● 如果是瓜子、花生、苹果等较大的异物呛入气管，且出现激烈的呛咳、气喘等症状，应请人从背后抱紧你，一手握成拳头，大拇指伸直顶住你的上腹部，另一只手掌压在此拳头上，然后双臂用力作向上和向内的紧压、紧缩动作，有节奏地一紧一松，提升腹部压强，迫使异物冲出。

● 周围没有人时，可用椅背等物体顶住上腹部，通过由此产生的冲力将异物排出。

● 如果上述措施不见效，异物无法取出，就要立刻去医院接受检查。

居
家
安
全

细嚼慢咽的十大益处

1. 为肠胃撑起保护伞。这种进食方式便于消化吸收并减轻胃肠负担。

2. 有助于营养吸收。实验发现，两个人同吃一种食物，细嚼的人会比粗嚼的人多吸收 13% 的蛋白质、12% 的脂肪、43% 的纤维素。

3. 减少致癌物质的摄入。细嚼时口腔可分泌更多的唾液，而唾液能有效杀死食物中的致癌物质。

4. 有效控制体重。细嚼慢咽能延长用餐时间，刺激饱腹神经中枢，反馈给大脑"我已经饱了"的信号，让人较早出现饱腹感而停止进食。

5. 提高大脑思维能力。细嚼慢咽时，大脑皮层的血液循环量会增加，从而激发脑神经的活动，可有效提高脑力。

6. 保护牙床和牙龈。细嚼、多嚼可以锻炼下颚力量，促进牙床健康。

7. 清洁口腔防细菌。咀嚼时分泌的唾液含有溶菌酶和其他抗菌因子，可以有效阻止细菌停留和繁殖。

8. 有利于控制血糖。进餐后 30 分钟胰岛素分泌达到高峰，糖尿病患者如果进食过快，胰岛素会跟不上，葡萄糖迅速进入血液循环，造成血糖升高。

9. 减少皱纹，延缓衰老。咀嚼会锻炼嘴巴周围的肌肉群，令脸部肌肉更紧致。

10. 缓解紧张、焦虑情绪。吃饭时细嚼慢咽，集中注意力，可以让味蕾充分享受每一种味道，心情愉悦。

👁 24. 异物进入眼睛时

眼睛是人体的重要器官。俗话说，"眼里不揉沙子"，异物飞入眼睛可一定要小心处理。

ERTONG ANQUAN DABAIKE

✚ 紧 急 自 救 ▷▷▷

异物入眼后，切勿用手揉搓眼睛，以免擦伤角膜，甚至将异物嵌入角膜内，加重损伤，也要避免因手脏将细菌带入眼内，引起发炎。正确的处理方法是：

● 如果是普通异物入眼，可闭眼休息片刻，待眼泪大量分泌，再睁开眼睛眨动，或者轻提上眼皮，使异物随眼泪流出来。

● 如果泪水不能将异物冲出，可准备一盆清洁干净的水，轻轻闭上双眼，将面部浸入脸盆中，双眼在水中眨几下，这样会把眼内异物冲出；也可请人将眼皮撑开，用注射器吸满冷开水或生理盐水冲洗眼睛。

● 如果各种冲洗法都不能把异物冲出，可请人或自己翻开眼皮，用棉签或干净的手帕蘸水轻轻将异物擦掉。

● 如果上述方法都无效，可能是异物已经陷入了眼组织内，应立即就医。

● 如果是化学物品，如烧碱、硫酸等入眼，须在第一时间找到水源，迅速冲洗，尽量冲洗干净，然后及时就医。

● 异物取出后，可适当滴入一些眼药水或涂一点儿眼药膏，以防感染。

儿 童 安 全 大 百 科

74

生石灰入眼不可用水冲洗

生石灰进入眼睛后，绝对不可以用水冲洗，因为生石灰遇水会生成腐蚀性更强的熟石灰，同时产生大量热量，加重对眼睛的伤害。正确的处理方法是，用棉签将生石灰粉蘸出，尽量蘸干净，然后用清水冲洗眼睛，再去就医。

安全童谣

爱眼护眼歌谣

爱护眼睛要自觉，勿用脏手乱揉摸；

看书写字坐端正，眼睛离书一尺遥；

乘车走卧不看书，阳光直射不得了；

用眼时间要控制，眼保健操要做好；

饮食营养要均衡，充足睡眠不可少；

养成用眼好习惯，生活才会更美好。

● 居家安全

25. 异物进入耳朵时

俗话说，"眼观六路，耳听八方"，耳朵似乎比眼睛还要神通广大。耳朵是人体的重要器官，保护不好就会影响听力，甚至造成耳聋。

一旦感觉耳内有异物，不要慌张急躁，更不能硬掏硬挖，以免损伤耳道，最好及时到医院由医生帮助处理。如果确认自己能够取出，可以根据异物的性质、大小和位置采取相应的处理办法。

● 水进入耳朵：可单脚跳动几次或把棉签轻轻探入耳中，将水分慢慢吸干。

● 豆子进入耳朵：黄豆、花生米等遇水后会膨胀，因此不可用水清洗，可先往耳道内滴入浓度为95%的酒精，使它们脱水缩小，再用镊子取出。

● 珠子、玻璃球进入耳朵：可用特制的器械取出，不能用镊子，以防将异物推向深处。

● 蚊虫进入耳朵：可向耳道内滴入几滴香油、植物油或浓度为70%的酒精，淹死或杀死蚊虫，再行取出；也可用灯光照射外耳道，或者吹入香烟的烟雾，将蚊虫引出来。

● 泥块进入耳朵：可用温开水或温生理盐水冲洗，也可用挖耳勺、小匙小心挖出。

● 扁形和棒形物进入耳朵：可用耳镊夹出。

若采用上述方法后仍不能将异物取出，应尽快就医。

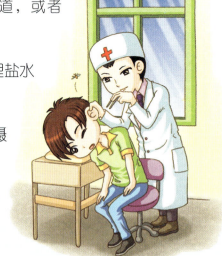

居家安全

特别提示

耳朵不能随便掏

　　耳垢，俗称耳屎，其实是人耳道中的正常分泌物，具有清洁、保护和润滑耳道的作用。一般在咀嚼、跑跳时耳垢会自行脱落，平常不需要清理。如果随便掏挖，反而会使耳道内堆积霉菌；如果不知深浅，掏挖力度不当，极易刺破薄薄的外耳道皮肤和毛囊，引发中耳炎。此外，自己掏耳朵还可能将耳垢推进耳道深处，耳垢更不容易排出。

安全童谣

爱耳护耳歌谣

耳朵皮肤很娇嫩，不能随便掏与挖；
遇到突发巨声响，捂住耳朵张大嘴；
洗澡游泳要特护，防止流水入耳朵；
远离噪音和大声，以免耳膜受损伤；
切忌滥用青霉素，中毒耳聋难康复；
用耳不当耳失聪，爱耳护耳要记牢。

26. 鼻子出血时

鼻子是负责人体嗅觉和呼吸的重要器官。保护鼻子事关生命质量，马虎不得。

79

紧急自救

● 鼻子出血时，不要紧张。精神紧张会促使肾上腺素分泌增多，使血压升高，进一步加剧出血。

● 流鼻血时可尝试自行止血。全身放松，头部前倾，使已经流出的血液向鼻孔外流出，然后把鼻子轻轻捏紧，压迫止血，几分钟后，一般性的流血就会暂时止住。

● 鼻子出血时也可用毛巾包裹冰块，轻轻敷在鼻子上几分钟，使鼻部血管收缩以止血。

● 当鼻子暂时止血后，要及时往鼻孔里塞入纱布、卫生棉球等，并用食指和拇指按压鼻翼上方几分钟，直至彻底止血。

● 如果血流不止，自行处理无效，就要立刻就医。

● 鼻血止住后，切记不要挖鼻孔，以防脆弱的鼻腔血管再次破裂。

特别提示

止鼻血时头不宜后仰

很多人流鼻血时都将头向后仰，鼻孔朝上，认为这样做可有效止血，其实这种做法是错误的。这样做只是看不见血向外流，实际上血是在继续向内流。如果头向后仰，血液可能沿咽后壁流入咽喉部，咽喉部的血液会被吞咽入食道及胃肠，刺激胃肠黏膜，产生不适感或发生呕吐；出血量大时，血液还容易被吸入气管及肺部，堵住呼吸气流，造成危险。

知道多一点

如何正确擤鼻涕

很多人擤鼻涕的时候耳朵会嗡嗡响，有时甚至会感觉疼痛，这都是擤鼻涕的方法不当引起的不良后果。

擤鼻涕时最好不要直接用手，而是用柔软的纸巾或手帕置于鼻翼上，先用手压住一侧鼻孔，稍用力向外呼气，对侧鼻孔的鼻涕即可擤出。一侧擤出再擤另一侧。不要同时擤两侧，那样容易增加鼻腔气压，加重鼻子的负担；也不要过于用力，以免将鼻涕挤入鼻窦引发鼻窦炎，或将鼻涕挤入咽鼓管引发中耳炎。

27. 异物扎进身体时

　　生活中有很多危险的"刺"客。如果不小心，鱼刺、木刺、凉席刺等可能会刺伤我们的皮肤，铁丝、剪刀、碎玻璃、铅笔等可能会扎进我们的身体。我们一定要保护好自己，谨防被刺。

皮肤扎到刺时

⬤ 如果是肉眼看得见的小刺，可以请人协助用消毒后的镊子取出，或者用消毒过的针挑出。

⬤ 如果是扎得很深的木刺或竹刺，可在拔刺前在扎刺四周的皮肤上涂抹一层万花油、风油精或植物油，使之渗入皮肤，令刺软化，然后再用消毒过的镊子或者针将刺取出。

⬤ 如果扎的是铁刺，可用消毒过的针挑开被刺部位的皮肤，然后用一块干净的磁铁将铁刺吸出。

⬤ 如果扎的是仙人掌或玫瑰等植物的软刺，可将医用橡皮膏贴在创口处，然后将其撕下，也许刺会被带出来。

⬤ 如果上述方法都不奏效，就要去就医。

较硬的异物扎进身体时

如果不慎被铁丝、钢筋、剪刀、玻璃片、笔、木棍、树枝等较硬的异物扎入身体，要及时就医。就医前不要拔出受伤处的异物，尽量保持异物原位不动。必要时，可在伤口两侧垫上干净的纱布或布垫、棉垫等，然后用绷带包扎固定。

居 家 安 全

金属异物在体内未取出的七大危害

　　体内残留金属异物不是小问题，我们一定要予以重视。体内残留金属异物可引起人体诸多反应，具体危害有：

1. 危及生命。心脏外伤后残留金属异物，不仅可引起致命性大出血或心脏压塞，而且异物位置易于变动，会产生不可预料的后果。

2. 感染。有菌的金属可将细菌带入体内，由于金属异物周围组织失活，抵抗力降低，加以坏死组织的液化，为细菌提供了良好的生存环境，细菌因而存活、繁殖，进一步引起感染。

3. 功能障碍。颅脑、脊髓里的金属异物可以压迫不同功能区域而引起相应的功能降低或丧失，关节内的异物可以使受累关节的功能发生障碍。

4. 过敏、排斥反应。骨科无菌手术内植物植入人体后可以引起红、肿、痒等轻重不一的不适反应。

5. 金属中毒。镍钛合金是骨科早期较常见的内植物，植入人体后，鼻咽黏膜、肾脏、肝脏、脾脏和总体的镍含量变化均表现出随时间延长而升高的特点。镍与鼻咽癌的关系已为许多研究证实，种植于硬膜下的铜、铅，特别是铜，可造成脊髓背角轴突和髓鞘的破坏。

6. 移动、栓塞。金属异物进入大血管、空腔器官如气管、食管、尿道，可以随着管道游走，最后栓塞相应的器官，导致呼吸困难、咯血、尿血、尿潴留等症状。

7. 心理障碍。金属异物滞留在体内会造成患者不同程度的精神压力，尤其在天气变化时，患者会感觉到不同程度的酸痛。

28. 被烫伤时

生活中被烫伤的事件屡见不鲜。被烫伤后人不仅很痛苦，有时身体还会留下疤痕，那可就不好看了。所以一定要时时提防，小心被烫。

⊘ 安全守则 ▶▶▶

★ 在用暖瓶和水壶盛水、倒水或盛取汤锅里的热汤时，要当心被热的汤水或水蒸气烫伤。

★ 在冬季生煤炉取暖时，要远离火源，小心被烫伤。

★ 要远离热的电熨斗，更不要触碰热熨斗的金属面，以免被烫伤。

★ 使用暖气取暖时，要远离烧得很热的暖气片，以免被烫伤。

★ 在洗澡时，一定要试好水温再入水或冲洗，以防水温过高被烫伤。

★ 在使用暖水袋时，一定要把盖子拧紧，防止水流出来被烫伤；同时水温不要太热，接触时间不要太长，以免被低温烫伤。

★ 放鞭炮时，要远离鞭炮，小心被火烫伤。

★ 夏天不要跟在摩托车排气管后面，以免被热气灼伤或者被排气管烫伤。

★ 要远离硫酸、盐酸、生石灰等，避免化学烧伤。

● 皮肤烫伤后，不要惊慌，也不要急于脱掉贴身的衣服。应立即用干净的冷水冲洗，或者冷敷，冷却后再小心脱去衣服，以免撕破烫伤后形成的水泡。

● 如果烫伤表面起了水泡，一般不要把它弄破，以免感染留下疤痕；但如果水泡较大，或处在关节等容易破损处，可用消毒针把它扎破，再用消毒棉签擦干水泡周围流出的液体。

● 对烫伤皮肤进行冷却处理后，要把创面擦干，然后视烫伤程度，涂抹一些专用烫伤药膏并用干净的纱布包扎，保护好不要碰水。

● 出现大面积或严重烫伤，须立即就医。

知 道 多 一 点

低温也会烫伤人

　　不是只有开水才会烫伤人，皮肤比我们想象的要娇贵，接触70℃的温度持续一分钟，可能就会被烫伤；接触近60℃的温度持续5分钟以上，也有可能造成烫伤。这种低于烧伤温度的刺激导致的烫伤，都属于"低温烫伤"。由于短时间内皮肤无法快速做出反应，所以很多人不知不觉就被烫伤了。

　　为防止被低温烫伤，用热水袋取暖时，水温不要太热，装七成左右的水即可；使用时间也不要太长，最好不要抱着热水袋睡觉。